Sommario

Indice 1

Introduzione 5

Capitolo 1: Introduzione alla Stampa 3D 6

   1.1 Storia della Stampa 3D 6

   1.2 Tecnologie di Stampa 3D 6

   1.3 Materiali per la Stampa 3D 7

   1.4 Applicazioni della Stampa 3D 8

   1.5 Il Futuro della Stampa 3D 9

Capitolo 2: Tecnologie di Stampa 3D 11

   2.1 Stereolitografia (SLA) 11

   2.2 Fused Deposition Modeling (FDM) 12

   2.3 Selective Laser Sintering (SLS) 13

   2.4 Digital Light Processing (DLP) 14

   2.5 Material Jetting 15

      Conclusione del Capitolo 2 16

Capitolo 3: Materiali per la Stampa 3D 17

   3.1 PLA (Acido Polilattico) 17

   3.2 ABS (Acrilonitrile Butadiene Stirene) 18

   3.3 PETG (Polietilene Tereftalato Glicole) 19

   3.4 Nylon 20

   3.5 Resine Fotopolimeriche 21

3.6 Metalli e Leghe ... 22

Conclusione del Capitolo 3 ... 24

Capitolo 4: Progettazione per la Stampa 3D ... 25

  4.1 Principi di Progettazione per la Stampa 3D ... 25

    4.1.1 Conoscere i Limiti della Tecnologia ... 25

    4.1.2 Spessori delle Pareti e Dettagli Minimi ... 25

    4.1.3 Tolleranze e Accoppiamenti ... 26

    4.1.4 Supporti e Overhang ... 26

  4.2 Strumenti Software per la Progettazione 3D ... 26

    4.2.1 CAD (Computer-Aided Design) Software ... 26

    4.2.2 Software di Modellazione 3D ... 27

    4.2.3 Software di Slicing ... 27

  4.3 Best Practices per la Progettazione 3D ... 27

    4.3.1 Ottimizzazione del Modello ... 27

    4.3.2 Orientamento del Modello ... 28

    4.3.3 Assemblaggi e Parti Complesse ... 28

    4.3.4 Post-Processing ... 28

Conclusione del Capitolo 4 ... 29

Capitolo 5: Processi di Stampa 3D e Tecniche per Stampe di Alta Qualità ... 30

  5.1 Preparazione per la Stampa ... 30

    5.1.1 Verifica del Modello 3D ... 30

    5.1.2 Impostazioni del Software di Slicing ... 30

    5.1.3 Calibrazione della Stampante ... 31

  5.2 Tecniche per Migliorare la Qualità delle Stampe ... 31

    5.2.1 Adesione del Primo Strato ... 31

5.2.2 Utilizzo di Supporti 32

5.2.3 Post-Processing 32

5.3 Risoluzione dei Problemi Comuni 33

5.3.1 Warping 33

5.3.2 Oozing e Stringing 33

5.3.3 Blocco dell'Ugello 33

5.4 Tecniche Avanzate di Stampa 3D 34

5.4.1 Stampa Multimateriale 34

5.4.2 Stampa a Colori 34

5.4.3 Strutture di Riempimento Personalizzate 34

Conclusione del Capitolo 5 35

Capitolo 6: Problemi di Produzione e Manutenzione della Stampa 3D 35

6.1 Problemi di Produzione nella Stampa 3D 35

6.1.1 Adesione al Piatto di Stampa 35

6.1.2 Warping e Distorsione 36

6.1.3 Stringing e Oozing 36

6.1.4 Layer Shifting 37

6.2 Manutenzione della Stampante 3D 37

6.2.1 Pulizia dell'Ugello 37

6.2.2 Lubrificazione delle Parti in Movimento 38

6.2.3 Controllo delle Componenti Elettriche 38

6.2.4 Aggiornamenti del Firmware e del Software 38

6.3 Risoluzione dei Problemi Avanzati 39

6.3.1 Diagnostica dei Problemi di Elettronica 39

6.3.2 Controllo e Sostituzione delle Parti Usurate 39

6.3.3 Ottimizzazione delle Impostazioni di Stampa 39
Conclusione del Capitolo 6 40
Ringraziamenti 41

Introduzione

La stampa 3D ha rivoluzionato i modo in cui concepiamo e produciamo oggetti. Dalle semplici protesi agli intricati modelli architettonici, la tecnologia 3D offre un mondo di possibilità creative e pratiche. Tuttavia, con questa innovazione arrivano sfide uniche, dalla preparazione del modello alla manutenzione della stampante. In questa guida, esploreremo i processi, le tecniche e le soluzioni per produrre stampe di alta qualità, affrontando i problemi comuni e avanzati che possono sorgere lungo il percorso. Dalle fondamenta della progettazione e della preparazione alla risoluzione dei problemi di produzione e manutenzione, questo libro offre una panoramica completa per coloro che vogliono padroneggiare l'arte della stampa 3D. Sia che tu sia un principiante curioso o un esperto desideroso di affinare le tue competenze, preparati a immergerti nel mondo entusiasmante della stampa 3D.

Capitolo 1: Introduzione alla Stampa 3D
1.1 Storia della Stampa 3D

La stampa 3D, anche conosciuta come fabbricazione additiva, ha radici che risalgono agli anni '80. La prima tecnologia di stampa 3D, la stereolitografia (SLA), è stata inventata da Charles Hull nel 1984. La SLA utilizza un laser per solidificare strati di resina liquida, creando oggetti tridimensionali uno strato alla volta. Questo processo è stato rivoluzionario, permettendo la creazione di prototipi rapidamente rispetto ai metodi tradizionali di produzione.

Negli anni '90, altre tecnologie di stampa 3D sono state sviluppate. Il Fused Deposition Modeling (FDM), brevettato da Scott Crump, utilizza un filamento di plastica che viene fuso e depositato strato per strato per formare l'oggetto desiderato. Questa tecnologia è diventata una delle più comuni e accessibili, grazie alla semplicità e ai costi relativamente bassi delle stampanti FDM.

Il Selective Laser Sintering (SLS), sviluppato da Carl Deckard, utilizza un laser per sinterizzare polveri di materiali, creando oggetti strato per strato. Questa tecnologia ha permesso la produzione di oggetti con geometrie complesse e materiali resistenti, espandendo ulteriormente le applicazioni della stampa 3D.

1.2 Tecnologie di Stampa 3D

Esistono diverse tecnologie di stampa 3D, ognuna con i propri vantaggi e svantaggi. Le principali includono:

- **Stereolitografia (SLA):** Utilizza resine fotosensibili solidificate da un laser UV. È ideale per creare oggetti con dettagli estremamente fini e superfici lisce.
- **Fused Deposition Modeling (FDM):** Utilizza filamenti di materiali termoplastici che vengono fusi e depositati strato per strato. È la tecnologia più comune tra i maker e gli hobbisti grazie alla sua accessibilità e varietà di materiali.
- **Selective Laser Sintering (SLS):** Utilizza un laser per sinterizzare polveri di materiali, creando oggetti strato per strato. È ideale per creare oggetti resistenti e con geometrie complesse.
- **Digital Light Processing (DLP):** Simile alla SLA, utilizza una luce digitale per solidificare resine. È più veloce della SLA ma offre la stessa qualità di dettaglio.
- **Material Jetting:** Funziona come una stampante a getto d'inchiostro, ma invece di inchiostro deposita strati di materiale che vengono solidificati. È utilizzato per creare oggetti con dettagli molto fini e multicolore.

1.3 Materiali per la Stampa 3D

I materiali utilizzati nella stampa 3D sono vari e scelti in base alla tecnologia e all'applicazione finale dell'oggetto. I principali materiali includono:

- **PLA (Acido Polilattico):** È un materiale biodegradabile derivato dal mais o dalla canna da zucchero. È uno dei materiali più comuni per le stampanti FDM grazie alla sua facilità di utilizzo e versatilità.
- **ABS (Acrilonitrile Butadiene Stirene):** Un materiale plastico resistente e durevole, spesso utilizzato per oggetti che devono sopportare stress e calore. Richiede una piastra riscaldata per una stampa ottimale.

- **PETG (Polietilene Tereftalato Glicole):** Combina la facilità di stampa del PLA con la resistenza dell'ABS. È resistente e trasparente, ideale per applicazioni che richiedono resistenza e visibilità.
- **Resine Fotopolimeriche:** Utilizzate nelle stampanti SLA e DLP, queste resine offrono dettagli finissimi e superfici lisce. Tuttavia, possono essere fragili e richiedono post-processing.
- **Nylon:** Un materiale resistente e flessibile, ideale per parti funzionali e meccaniche. È utilizzato principalmente nelle stampanti SLS.
- **Metalli e Leghe:** Utilizzati nelle stampanti di sinterizzazione laser per applicazioni industriali, consentono la creazione di parti metalliche complesse e resistenti.

1.4 Applicazioni della Stampa 3D

La stampa 3D ha trovato applicazioni in numerosi settori, rivoluzionando il modo in cui vengono prodotti oggetti e componenti. Alcune delle principali applicazioni includono:

- **Prototipazione Rapida:** Consente agli ingegneri e ai designer di creare prototipi funzionali rapidamente, accelerando il processo di sviluppo del prodotto.
- **Medicina e Odontoiatria:** Utilizzata per creare modelli anatomici, protesi personalizzate, impianti e strumenti chirurgici. La stampa 3D ha migliorato significativamente la personalizzazione e la precisione delle soluzioni mediche.
- **Aerospace e Automotive:** Permette la produzione di componenti leggeri e complessi che sarebbero difficili o impossibili da realizzare con metodi tradizionali.

- **Design e Architettura:** Utilizzata per creare modelli architettonici dettagliati e oggetti di design personalizzati, dai mobili agli accessori.
- **Educazione:** Le scuole e le università utilizzano la stampa 3D per insegnare principi di ingegneria, design e manifattura agli studenti.

1.5 Il Futuro della Stampa 3D

Il futuro della stampa 3D è promettente, con continui sviluppi tecnologici che ne espandono le capacità e le applicazioni. Le tendenze emergenti includono:

- **Stampa 3D Biologica:** Ricerca e sviluppo di tecnologie per la stampa di tessuti umani e organi, con potenziali applicazioni in medicina rigenerativa e trapianti.
- **Materiali Avanzati:** Sviluppo di nuovi materiali con proprietà migliorate, come resine resistenti al calore, metalli leggeri e compositi ad alta resistenza.
- **Integrazione con l'Intelligenza Artificiale:** Utilizzo dell'intelligenza artificiale per ottimizzare i processi di stampa, migliorare la qualità e ridurre gli sprechi.
- **Stampa su Larga Scala:** Sviluppo di stampanti 3D in grado di creare oggetti di grandi dimensioni, come componenti edilizi e strutture.

Conclusione del Capitolo 1

La stampa 3D rappresenta una delle tecnologie più innovative e versatili del nostro tempo. Con una storia ricca di innovazioni e un futuro promettente, offre innumerevoli opportunità per creatori, ingegneri e designer. Nel prossimo capitolo, esploreremo le specifiche tecniche delle diverse tecnologie di stampa 3D e come scegliere quella giusta per le tue esigenze.

Capitolo 2: Tecnologie di Stampa 3D

La stampa 3D è una tecnologia versatile che include diverse metodologie, ognuna adatta a specifiche esigenze e applicazioni. In questo capitolo, esploreremo le principali tecnologie di stampa 3D, il loro funzionamento, vantaggi e svantaggi, nonché le applicazioni ideali per ciascuna.

2.1 Stereolitografia (SLA)

La stereolitografia (SLA) è una delle tecnologie di stampa 3D più antiche e precise. Utilizza una resina fotosensibile che viene solidificata strato per strato da un laser UV.

Funzionamento:

1. Un laser UV traccia il primo strato dell'oggetto sulla superficie della resina liquida, solidificandolo.
2. Una piattaforma di costruzione si abbassa di un piccolo incremento, permettendo al laser di tracciare il successivo strato sulla resina.
3. Questo processo si ripete fino a quando l'oggetto è completamente formato.
4. L'oggetto viene quindi rimosso dalla resina e posto in una camera di post-polimerizzazione per completare la solidificazione.

Vantaggi:

- Altissima precisione e dettaglio.
- Superfici lisce e fini.

- Adatta per modelli complessi e dettagliati.

Svantaggi:

- Costo elevato delle macchine e delle resine.
- Processo di stampa lento.
- Resine fotosensibili possono essere fragili.

Applicazioni:

- Prototipi dettagliati.
- Modelli dentali e medici.
- Gioielleria.

2.2 Fused Deposition Modeling (FDM)

Il Fused Deposition Modeling (FDM) è la tecnologia di stampa 3D più comune, soprattutto tra i maker e gli hobbisti. Utilizza un filamento termoplastico che viene fuso e depositato strato per strato.

Funzionamento:

1. Un filamento di plastica viene alimentato in un estrusore che lo fonde.
2. Il materiale fuso viene depositato strato per strato su una piattaforma di costruzione secondo il modello digitale.
3. La piattaforma si muove verso il basso (o l'estrusore verso l'alto) per consentire la deposizione dello strato successivo.

Vantaggi:

- Accessibilità e basso costo.

- Ampia gamma di materiali disponibili (PLA, ABS, PETG, ecc.).
- Facile da usare e mantenere.

Svantaggi:

- Qualità di superficie inferiore rispetto ad altre tecnologie.
- Minore dettaglio e precisione.
- Possibili problemi di adesione e deformazione.

Applicazioni:

- Prototipazione rapida.
- Parti funzionali.
- Componenti per hobbisti.

2.3 Selective Laser Sintering (SLS)

Il Selective Laser Sintering (SLS) utilizza un laser per sinterizzare polveri di materiali, creando oggetti strato per strato senza bisogno di supporti.

Funzionamento:

1. Un laser sinterizza uno strato di polvere di materiale (come nylon) secondo il modello digitale.
2. Una nuova strato di polvere viene steso sulla piattaforma di costruzione.
3. Il laser sinterizza il nuovo strato, che si fonde con quello precedente.
4. Questo processo si ripete fino alla completa formazione dell'oggetto.

Vantaggi:

- Alta resistenza meccanica.
- Nessun bisogno di strutture di supporto.
- Capacità di creare geometrie complesse.

Svantaggi:

- Costo elevato delle macchine e delle polveri.
- Processo di stampa e post-lavorazione complesso.
- Superfici ruvide richiedono finiture aggiuntive.

Applicazioni:

- Parti funzionali e meccaniche.
- Prototipi robusti.
- Produzione di piccole serie.

2.4 Digital Light Processing (DLP)

Il Digital Light Processing (DLP) è simile alla SLA ma utilizza una sorgente di luce digitale (come un proiettore DLP) per solidificare la resina.

Funzionamento:

1. Un proiettore DLP proietta un'immagine del primo strato dell'oggetto sulla resina liquida, solidificandolo.
2. La piattaforma di costruzione si abbassa per consentire al proiettore di solidificare il successivo strato di resina.
3. Questo processo si ripete fino alla completa formazione dell'oggetto.

Vantaggi:

- Velocità di stampa superiore rispetto alla SLA.
- Alta precisione e dettaglio.

- Superfici lisce e fini.

Svantaggi:

- Resine costose e fragili.
- Dimensioni di stampa limitate dalla risoluzione del proiettore.
- Necessità di post-polimerizzazione.

Applicazioni:

- Gioielleria.
- Modelli dentali e medici.
- Prototipi dettagliati.

2.5 Material Jetting

Il Material Jetting è una tecnologia di stampa 3D che funziona come una stampante a getto d'inchiostro, ma invece di inchiostro deposita strati di materiale che vengono solidificati.

Funzionamento:

1. Ugelli depositano minuscole gocce di materiale liquido (come resine) strato per strato.
2. Ogni strato viene solidificato da una sorgente di luce UV.
3. Il processo si ripete fino alla completa formazione dell'oggetto.

Vantaggi:

- Alta precisione e dettagli.
- Capacità di stampare oggetti multicolore e multi-materiale.
- Superfici lisce e fini.

Svantaggi:

- Costi elevati delle macchine e dei materiali.
- Resine possono essere fragili e richiedere post-polimerizzazione.
- Processo relativamente lento.

Applicazioni:

- Prototipi multicolore e dettagliati.
- Modelli di marketing e presentazione.
- Parti personalizzate.

Conclusione del Capitolo 2

In questo capitolo abbiamo esplorato le principali tecnologie di stampa 3D, ognuna con le proprie caratteristiche uniche. La scelta della tecnologia giusta dipende dalle esigenze specifiche del progetto, dai materiali disponibili e dal livello di dettaglio richiesto. Nel prossimo capitolo, esamineremo i materiali utilizzati nella stampa 3D e le loro proprietà, per aiutarti a scegliere il materiale giusto per i tuoi progetti.

Capitolo 3: Materiali per la Stampa 3D

La scelta del materiale è fondamentale per ottenere i migliori risultati nella stampa 3D. I materiali variano in termin di proprietà fisiche, costi e applicazioni. In questo capitolo, analizzeremo in dettaglio i materiali più comuni utilizzati nella stampa 3D, inclusi i parametri tecnici come la temperatura di estrusione, la temperatura del piatto di stampa e le resistenze termiche.

3.1 PLA (Acido Polilattico)

Il PLA è uno dei materiali più popolari per la stampa 3D, soprattutto per le stampanti FDM.

Caratteristiche:

- **Biodegradabilità:** Derivato da risorse rinnovabili come il mais o la canna da zucchero.
- **Facilità di utilizzo:** Punto di fusione relativamente basso.
- **Aspetto:** Disponibile in una vasta gamma di colori e finiture.

Parametri di Stampa:

- **Temperatura di estrusione:** 180-220°C.
- **Temperatura del piatto di stampa:** 20-60°C (spesso non necessaria).
- **Velocità di stampa:** 30-60 mm/s.
- **Ventilazione:** Attivata per migliorare la qualità della superficie.

Vantaggi:

- Facile da stampare con minimi problemi di warping.

- Buona qualità superficiale.
- Biodegradabile e atossico.

Svantaggi:

- Fragile e meno resistente agli urti.
- Sensibile all'umidità e al calore.
- Non adatto per applicazioni che richiedono alta resistenza meccanica o termica.

Applicazioni:

- Prototipazione rapida.
- Modelli decorativi e di uso quotidiano.
- Giocattoli.

3.2 ABS (Acrilonitrile Butadiene Stirene)

L'ABS è noto per la sua robustezza e resistenza, spesso utilizzato in applicazioni più esigenti.

Caratteristiche:

- **Durabilità:** Resistente e durevole.
- **Punto di fusione:** Più alto rispetto al PLA.
- **Adesione:** Richiede una piastra riscaldata per una buona adesione del primo strato.

Parametri di Stampa:

- **Temperatura di estrusione:** 220-250°C.
- **Temperatura del piatto di stampa:** 80-110°C.
- **Velocità di stampa:** 30-70 mm/s.
- **Ventilazione:** Spenta o molto bassa per evitare warping.

Vantaggi:

- Resistente agli urti e durevole.
- Buona resistenza termica.
- Facile da post-processare (levigatura, verniciatura).

Svantaggi:

- Emissione di fumi durante la stampa, richiede ventilazione adeguata.
- Maggiore tendenza al warping.
- Più difficile da stampare rispetto al PLA.

Applicazioni:

- Componenti funzionali e meccanici.
- Custodie per dispositivi elettronici.
- Parti di automobili e strumenti.

3.3 PETG (Polietilene Tereftalato Glicole)

Il PETG combina la facilità di stampa del PLA con la robustezza dell'ABS, risultando in un materiale versatile.

Caratteristiche:

- **Resistenza:** Materiale resistente e flessibile.
- **Trasparenza:** Disponibile in versioni traslucide.
- **Resistenza chimica:** Resistente all'acqua e ai prodotti chimici.

Parametri di Stampa:

- **Temperatura di estrusione:** 220-250°C.
- **Temperatura del piatto di stampa:** 70-90°C.

- **Velocità di stampa:** 30-60 mm/s.
- **Ventilazione:** Moderata per migliorare la qualità della stampa.

Vantaggi:

- Alta resistenza meccanica e durevolezza.
- Minimi problemi di warping.
- Resistente agli agenti chimici e all'acqua.

Svantaggi:

- Può essere più costoso del PLA e dell'ABS.
- Aderenza eccessiva al piano di stampa può rendere difficile la rimozione degli oggetti.

Applicazioni:

- Contenitori e bottiglie.
- Parti meccaniche e funzionali.
- Componenti elettronici.

3.4 Nylon

Il nylon è un materiale altamente resistente e flessibile, ideale per applicazioni funzionali e industriali.

Caratteristiche:

- **Robustezza:** Materiale robusto e flessibile.
- **Resistenza all'abrasione:** Elevata.
- **Resistenza chimica:** Ottima.

Parametri di Stampa:

- **Temperatura di estrusione:** 240-260°C.
- **Temperatura del piatto di stampa:** 70-100°C.
- **Velocità di stampa:** 30-50 mm/s.
- **Ventilazione:** Spenta per evitare deformazioni.

Vantaggi:

- Alta resistenza meccanica e flessibilità.
- Resistente all'abrasione e agli agenti chimici.
- Durata nel tempo.

Svantaggi:

- Più difficile da stampare, richiede temperature elevate.
- Assorbe umidità dall'aria, richiedendo una corretta conservazione.
- Maggiore costo rispetto a PLA e ABS.

Applicazioni:

- Ingranaggi e componenti meccanici.
- Parti funzionali e strutturali.
- Prototipi industriali.

3.5 Resine Fotopolimeriche

Le resine fotopolimeriche sono utilizzate principalmente nelle tecnologie SLA e DLP, offrendo alta precisione e dettagli finissimi.

Caratteristiche:

- **Liquidità:** Liquido fotosensibile che solidifica sotto luce UV.
- **Varietà:** Disponibile in varie formulazioni (standard, durevole, flessibile, biocompatibile).

- **Precisione:** Offre superfici lisce e dettagli molto fini.

Parametri di Stampa:

- **Fonte di polimerizzazione:** Laser UV o proiettore DLP.
- **Post-processing:** Necessaria polimerizzazione aggiuntiva.
- **Ambiente di stampa:** Camera chiusa per evitare contaminazioni.

Vantaggi:

- Alta precisione e dettaglio.
- Superfici lisce senza visibili strati di stampa.
- Disponibili in formulazioni speciali per esigenze specifiche.

Svantaggi:

- Fragilità, meno resistente rispetto ai materiali termoplastici.
- Richiede post-processing per completare la polimerizzazione.
- Maggiore costo e complessità di utilizzo.

Applicazioni:

- Gioielleria e modellismo.
- Prototipi dettagliati.
- Applicazioni dentali e mediche.

3.6 Metalli e Leghe

La stampa 3D in metallo è una delle tecnologie più avanzate e costose, utilizzata principalmente in ambito industriale.

Caratteristiche:

- **Materiale:** Utilizza polveri metalliche sinterizzate da un laser (SLS) o legate con leganti poi sinterizzati.
- **Tipi:** Materiali includono acciaio, titanio, alluminio e leghe speciali.
- **Proprietà:** Produce parti completamente metalliche con eccellenti proprietà meccaniche.

Parametri di Stampa:

- **Temperatura di fusione:** Varia a seconda del metallo, generalmente molto elevata.
- **Ambiente di stampa:** Spesso richiede atmosfera inerte (argon) per evitare ossicazione.
- **Post-processing:** Necessario per migliorare le proprietà meccaniche e superficiali.

Vantaggi:

- Alta resistenza e durabilità.
- Capacità di creare geometrie complesse non ottenibili con metodi tradizionali.
- Adatto per produzioni a bassa tiratura e componenti personalizzati.

Svantaggi:

- Altissimi costi delle macchine e dei materiali.
- Processo di stampa lento e complesso.
- Necessità di post-processing significativo.

Applicazioni:

- Industria aerospaziale e automobilistica.

- Componenti medicali e dentali.
- Prototipazione funzionale e produzione di piccole serie.

Conclusione del Capitolo 3

Abbiamo esplorato i materiali più comuni utilizzati nella stampa 3D, analizzando le loro caratteristiche tecniche, parametri di stampa, vantaggi e svantaggi, e le applicazioni ideali. La scelta del materiale giusto dipende dalle esigenze specifiche del progetto, dal tipo di tecnologia di stampa utilizzata e dalle proprietà richieste per l'oggetto finale. Nel prossimo capitolo, ci concentreremo sul processo di progettazione per la stampa 3D, fornendo linee guida e best practices per creare modelli ottimizzati per la stampa.

Capitolo 4: Progettazione per la Stampa 3D

La progettazione per la stampa 3D richiede una comprensione delle specifiche tecniche e delle limitazioni della tecnologia di stampa. In questo capitolo, esploreremo i principi fondamentali della progettazione per la stampa 3D, comprese le migliori pratiche, gli strumenti software e le considerazioni tecniche per ottimizzare i modelli per la produzione additiva.

4.1 Principi di Progettazione per la Stampa 3D

4.1.1 Conoscere i Limiti della Tecnologia

Ogni tecnologia di stampa 3D ha i propri limiti in termini di risoluzione, precisione, dimensioni massime di stampa e materiali supportati. È essenziale comprendere questi limiti per progettare modelli che possano essere stampati con successo. Ad esempio:

- **FDM (Fused Deposition Modeling):** Buona per oggetti più grandi e meno dettagliati, ma con limiti nella risoluzione fine.
- **SLA (Stereolitografia):** Eccellente per dettagli fini e superfici lisce, ma limitata nelle dimensioni di stampa.
- **SLS (Selective Laser Sintering):** Adatta per geometrie complesse e interlocking parts, ma con superfici più ruvide rispetto alla SLA.

4.1.2 Spessori delle Pareti e Dettagli Minimi

Gli spessori delle pareti e i dettagli minimi devono essere progettati tenendo conto delle capacità della stampante:

- **Spessori delle Pareti:** Devono essere abbastanza robusti per sostenere il proprio peso e le sollecitazioni durante la

stampa e l'uso. Per le stampanti FDM, uno spessore minimo di 1-2 mm è consigliato.
- **Dettagli Minimi:** Dipendono dalla risoluzione della stampante. Ad esempio, le stampanti SLA possono gestire dettagli molto più piccoli rispetto alle stampanti FDM.

4.1.3 Tolleranze e Accoppiamenti

Quando si progettano parti che devono incastrarsi o muoversi l'una rispetto all'altra, è essenziale considerare le tolleranze di stampa:

- **Tolleranze per Parti Incastro:** Lasciare uno spazio di almeno 0,2-0,5 mm per le stampanti FDM, mentre per SLA può essere inferiore.
- **Tolleranze per Parti in Movimento:** Assicurarsi che ci sia abbastanza spazio per il movimento libero senza attriti eccessivi.

4.1.4 Supporti e Overhang

Le stampanti FDM richiedono supporti per le parti sporgenti (overhang) oltre i 45 gradi. La progettazione deve minimizzare l'uso di supporti o prevedere aree di supporto facilmente rimovibili.

4.2 Strumenti Software per la Progettazione 3D

4.2.1 CAD (Computer-Aided Design) Software

I software CAD sono fondamentali per creare modelli 3D dettagliati e precisi:

- **TinkerCAD:** Un software online gratuito e facile da usare, ideale per i principianti.

- **Fusion 360:** Un software CAD avanzato con strumenti per la modellazione parametrica, adatto per utenti più esperti.
- **SolidWorks:** Un software CAD professionale ampiamente utilizzato nell'industria per la progettazione dettagliata e la simulazione.

4.2.2 Software di Modellazione 3D

Oltre ai software CAD, esistono programmi specifici per la modellazione artistica e organica:

- **Blender:** Un software open-source potente per la modellazione, la scultura e il rendering.
- **ZBrush:** Un software di scultura digitale utilizzato per creare dettagli complessi e forme organiche.

4.2.3 Software di Slicing

Il software di slicing converte i modelli 3D in istruzioni che la stampante 3D può eseguire:

- **Cura:** Un popolare software di slicing open-source sviluppato da Ultimaker.
- **PrusaSlicer:** Un software di slicing derivato da Slic3r, ottimizzato per le stampanti Prusa ma utilizzabile con molte altre stampanti.

4.3 Best Practices per la Progettazione 3D

4.3.1 Ottimizzazione del Modello

Ottimizzare i modelli per la stampa 3D può migliorare la qualità della stampa e ridurre i tempi e i costi:

- **Riduzione del Volume di Stampa:** Minimizzare il materiale utilizzato senza compromettere la robustezza.
- **Uso di Strutture di Riempimento (Infill):** Scegliere il giusto pattern e densità di infill per bilanciare resistenza e materiale.

4.3.2 Orientamento del Modello

L'orientamento del modello sulla piastra di stampa può influire sulla qualità della stampa e sulla necessità di supporti:

- **Orientamento per la Forza:** Allineare le parti in modo che gli strati siano perpendicolari alle direzioni di carico principale.
- **Riduzione dei Supporti:** Orientare il modello per minimizzare le parti sporgenti e ridurre la necessità di supporti.

4.3.3 Assemblaggi e Parti Complesse

Per progetti complessi, considerare la stampa in più parti da assemblare successivamente:

- **Progettazione di Giunti e Incastri:** Utilizzare incastri a scatto, viti o adesivi per unire le parti.
- **Tolleranze di Assemblaggio:** Assicurarsi che le tolleranze siano adeguate per facilitare l'assemblaggio senza compromettere la funzionalità.

4.3.4 Post-Processing

Il post-processing può migliorare l'aspetto e la funzionalità dei pezzi stampati:

- **Levigatura e Verniciatura:** Migliorare la finitura superficiale e l'aspetto estetico.
- **Trattamenti Termici:** Aumentare la resistenza meccanica attraverso processi come la ricottura.

Conclusione del Capitolo 4

La progettazione per la stampa 3D richiede una comprensione approfondita delle tecnologie di stampa e delle loro limitazioni. Utilizzando i principi di progettazione, gli strumenti software appropriati e le best practices, è possibile creare modelli ottimizzati che sfruttano al massimo le capacità della stampa 3D. Nel prossimo capitolo, ci concentreremo sui processi di stampa e sulle tecniche per ottenere stampe di alta qualità.

Capitolo 5: Processi di Stampa 3D e Tecniche per Stampe di Alta Qualità

Una volta completata la progettazione del modello 3D, il prossimo passo fondamentale è il processo di stampa stesso. La qualità finale di una stampa 3D dipende non solo dal design ma anche dalla configurazione e dall'esecuzione del processo di stampa. In questo capitolo, esploreremo dettagliatamente i vari processi di stampa 3D, le tecniche e i trucchi per ottenere stampe di alta qualità, oltre a risolvere i problemi comuni che si possono incontrare durante la stampa.

5.1 Preparazione per la Stampa

5.1.1 Verifica del Modello 3D

Prima di procedere alla stampa, è fondamentale verificare che il modello 3D sia privo di errori:

- **Controllo della Mesh:** Utilizzare software come Meshmixer o Netfabb per verificare e riparare eventuali errori nella mesh del modello, come facce invertite, buchi o superfici non manifatturabili.
- **Orientamento del Modello:** Assicurarsi che il modello sia orientato correttamente sulla piastra di stampa per ottimizzare la qualità e ridurre la necessità di supporti.

5.1.2 Impostazioni del Software di Slicing

Le impostazioni del software di slicing sono cruciali per determinare la qualità e la velocità della stampa:

- **Risoluzione della Stampa:** Definire l'altezza dello strato (layer height). Strati più sottili (ad esempio, 0,1 mm)

offrono maggiori dettagli ma aumentano il tempo di stampa. Strati più spessi (ad esempio, 0,2-0,3 mm) riducono il tempo ma possono sacrificare i dettagli.
- **Velocità di Stampa:** Bilanciare la velocità per ottenere una buona qualità. Velocità elevate possono ridurre il tempo di stampa ma aumentare il rischio di difetti.
- **Riempimento (Infill):** Scegliere il pattern e la densità di riempimento adatti all'applicazione. Un infill denso (ad esempio, 50%) offre maggiore resistenza ma utilizza più materiale e tempo.
- **Temperatura di Estrusione e Piatto di Stampa:** Impostare la temperatura corretta in base al materiale utilizzato (ad esempio, 200°C per il PLA e 240°C per l'ABS).

5.1.3 Calibrazione della Stampante

Una corretta calibrazione della stampante è essenziale per ottenere risultati ottimali:

- **Livellamento del Piatto di Stampa:** Assicurarsi che il piatto di stampa sia perfettamente livellato rispetto all'ugello. Utilizzare un foglio di carta per misurare la distanza tra l'ugello e il piatto in vari punti.
- **Calibrazione dell'Extruder:** Verificare che l'extruder estruda la quantità corretta di filamento. Questo può essere fatto stampando un cubo di test e misurandone le dimensioni per correggere eventuali discrepanze.

5.2 Tecniche per Migliorare la Qualità delle Stampe

5.2.1 Adesione del Primo Strato

L'adesione del primo strato è cruciale per il successo della stampa:

- **Superficie del Piatto di Stampa:** Utilizzare superfici adesive come il nastro blu, il vetro trattato con lacca per capelli o fogli in PEI per migliorare l'adesione.
- **Velocità e Temperatura del Primo Strato:** Stampare il primo strato a una velocità ridotta e a una temperatura leggermente più alta per migliorare l'adesione.

5.2.2 Utilizzo di Supporti

Per modelli con overhang significativi, è necessario utilizzare supporti:

- **Supporti Automodificabili:** Impostare il software di slicing per generare supporti che siano facili da rimuovere.
- **Supporti Solubili:** Per le stampanti a doppio estrusore, utilizzare materiali di supporto solubili come il PVA o l'HIPS per facilitare la rimozione senza danneggiare il modello.

5.2.3 Post-Processing

Il post-processing può migliorare notevolmente l'aspetto e la funzionalità dei pezzi stampati:

- **Levigatura:** Utilizzare carta vetrata di varie grane per levigare la superficie e rimuovere le imperfezioni.
- **Verniciatura:** Applicare primer e vernice per migliorare l'estetica. Per PLA, la verniciatura può anche proteggere la superficie da umidità e calore.
- **Trattamenti Termici:** Per materiali come l'ABS, è possibile utilizzare l'acetone per ottenere una superficie liscia. La ricottura (annealing) può essere utilizzata per migliorare la resistenza e la stabilità dimensionale dei pezzi.

5.3 Risoluzione dei Problemi Comuni

5.3.1 Warping

Il warping è un problema comune che può causare il sollevamento dei bordi del modello dalla piastra di stampa:

- **Temperatura del Piatto:** Mantenere il piatto di stampa alla temperatura corretta (ad esempio, 60°C per PLA e 110°C per ABS).
- **Brim e Raft:** Utilizzare brim (una sottile base che si estende dal modello) o raft (una base più spessa sotto l'intero modello) per migliorare l'adesione.

5.3.2 Oozing e Stringing

L'oozing (gocciolamento) e lo stringing (filamenti indesiderati) possono rovinare la qualità delle stampe:

- **Retrazione:** Regolare le impostazioni di ritrazione nel software di slicing per evitare che il filamento fuoriesca durante i movimenti a vuoto.
- **Temperatura di Stampa:** Assicurarsi che la temperatura di estrusione non sia troppo alta.

5.3.3 Blocco dell'Ugello

Un ugello bloccato può interrompere il flusso del filamento:

- **Pulizia dell'Ugello:** Utilizzare aghi di pulizia per rimuovere i blocchi. Eseguire la manutenzione regolare per prevenire accumuli.
- **Qualità del Filamento:** Utilizzare filamenti di alta qualità e conservarli correttamente per evitare l'assorbimento di umidità.

5.4 Tecniche Avanzate di Stampa 3D

5.4.1 Stampa Multimateriale

La stampa multimateriale consente di combinare materiali diversi in un singolo modello:

- **Estrusori Multipli:** Utilizzare stampanti con doppio estrusore per stampare con materiali diversi (ad esempio, PLA e PVA per supporti solubili).
- **Miscele di Materiali:** Alcune stampanti avanzate permettono di mescolare materiali direttamente durante la stampa.

5.4.2 Stampa a Colori

La stampa a colori può essere ottenuta attraverso vari metodi:

- **Filamenti Multicolore:** Utilizzare filamenti che cambiano colore lungo la lunghezza del filamento.
- **Pittura Post-Processo:** Verniciare il modello dopo la stampa per aggiungere dettagli e colori.

5.4.3 Strutture di Riempimento Personalizzate

Le strutture di riempimento possono essere personalizzate per migliorare la resistenza o ridurre il peso:

- **Pattern di Riempimento:** Utilizzare pattern come reticolo, triangolo o nido d'ape per bilanciare resistenza e peso.
- **Riempimento Gradient:** Varie la densità del riempimento in diverse parti del modello per ottimizzare le proprietà meccaniche.

Conclusione del Capitolo 5

Il processo di stampa 3D è un equilibrio delicato di molteplici fattori, dalla preparazione del modello e del software di slicing alla calibrazione della stampante e al post-processing. Conoscere e applicare le migliori pratiche descritte in questo capitolo può aiutare a ottenere stampe di alta qualità e a risolvere i problemi comuni che possono sorgere. Nel prossimo capitolo, esploreremo le applicazioni avanzate della stampa 3D e come questa tecnologia sta trasformando vari settori industriali.

Capitolo 6: Problemi di Produzione e Manutenzione della Stampa 3D

La stampa 3D è una tecnologia potente, ma come tutte le tecnologie, presenta sfide sia nella produzione che nella manutenzione. Comprendere questi problemi e sapere come risolverli è essenziale per mantenere la qualità e l'affidabilità delle stampe. In questo capitolo, esamineremo alcuni dei problemi comuni di produzione e manutenzione, offrendo soluzioni pratiche e preventive.

6.1 Problemi di Produzione nella Stampa 3D

6.1.1 Adesione al Piatto di Stampa

Uno dei problemi più comuni è la mancata adesione del primo strato al piatto di stampa:

- **Cause:** Livellamento errato del piatto, temperatura inadeguata del piatto o dell'ugello, superficie del piatto sporca o usurata.
- **Soluzioni:**
    - **Livellamento del Piatto:** Utilizzare strumenti di calibrazione automatica o manuale per assicurarsi che il piatto sia perfettamente livellato.
    - **Temperature Adeguate:** Impostare la temperatura corretta del piatto (es. 60°C per PLA) e dell'ugello (es. 200°C per PLA).
    - **Superficie del Piatto:** Pulire regolarmente il piatto con alcool isopropilico e, se necessario, utilizzare adesivi come nastro blu o fogli in PEI.

6.1.2 Warping e Distorsione

Il warping si verifica quando i bordi del modello si sollevano dal piatto di stampa, causando distorsioni:

- **Cause:** Raffreddamento non uniforme, adesione insufficiente al piatto, design del modello non ottimizzato.
- **Soluzioni:**
    - **Piatto Riscaldato:** Utilizzare un piatto riscaldato per mantenere una temperatura costante durante la stampa.
    - **Brim e Raft:** Aggiungere un brim o un raft al modello per aumentare l'area di contatto con il piatto.
    - **Materiali:** Utilizzare materiali con meno tendenza a deformarsi, come PLA rispetto ad ABS.

6.1.3 Stringing e Oozing

Lo stringing e l'oozing si verificano quando il filamento esce dall'ugello durante i movimenti a vuoto, creando filamenti indesiderati:

- **Cause:** Impostazioni di ritrazione inadeguate, temperatura di stampa troppo alta.
- **Soluzioni:**
    - **Ritrazione:** Regolare le impostazioni di ritrazione nel software di slicing per ridurre il flusso di filamento durante i movimenti a vuoto.
    - **Temperatura:** Ridurre la temperatura di stampa per evitare che il filamento diventi troppo liquido.

6.1.4 Layer Shifting

Il layer shifting si verifica quando i layer si spostano orizzontalmente, causando disallineamenti nel modello:

- **Cause:** Cinghie allentate, problemi con i motori passo-passo, ostacoli meccanici.
- **Soluzioni:**
    - **Cinghie:** Controllare e stringere le cinghie della stampante per garantire una tensione adeguata.
    - **Motori:** Verificare il corretto funzionamento dei motori passo-passo e dei driver.
    - **Ostacoli:** Assicurarsi che non vi siano ostacoli lungo il percorso di movimento dell'ugello.

6.2 Manutenzione della Stampante 3D

6.2.1 Pulizia dell'Ugello

Un ugello pulito è essenziale per una buona qualità di stampa:

- **Routine di Pulizia:** Pulire regolarmente l'ugello con aghi di pulizia o filamenti speciali di pulizia.
- **Prevenzione dei Blocchi:** Utilizzare filamenti di alta qualità e conservare i filamenti in ambienti asciutti per evitare l'assorbimento di umidità.

6.2.2 Lubrificazione delle Parti in Movimento

Le parti mobili della stampante devono essere lubrificate per funzionare correttamente:

- **Guide Lineari e Cuscinetti:** Applicare regolarmente lubrificante alle guide lineari e ai cuscinetti per garantire movimenti fluidi e ridurre l'usura.
- **Motori e Cinghie:** Controllare e lubrificare i componenti meccanici per prevenire attriti eccessivi e rumori.

6.2.3 Controllo delle Componenti Elettriche

Le componenti elettriche devono essere monitorate e mantenute per evitare guasti:

- **Cavi e Connettori:** Ispezionare regolarmente i cavi e i connettori per rilevare eventuali segni di usura o danni.
- **Alimentatore:** Assicurarsi che l'alimentatore funzioni correttamente e che fornisca una tensione stabile.

6.2.4 Aggiornamenti del Firmware e del Software

Aggiornare regolarmente il firmware della stampante e il software di slicing può migliorare le prestazioni e introdurre nuove funzionalità:

- **Firmware:** Controllare i siti web del produttore per eventuali aggiornamenti del firmware e seguirne le istruzioni per l'installazione.
- **Software di Slicing:** Utilizzare l'ultima versione del software di slicing per beneficiare delle ottimizzazioni e delle nuove caratteristiche.

6.3 Risoluzione dei Problemi Avanzati

6.3.1 Diagnostica dei Problemi di Elettronica

I problemi elettronici possono essere complessi da diagnosticare e risolvere:

- **Test degli Stepper Motor:** Utilizzare strumenti diagnostici per testare il funzionamento dei motori passo-passo e dei loro driver.
- **Sensori e Interruttori di Finecorsa:** Verificare che i sensori e gli interruttori di finecorsa funzionino correttamente e che siano posizionati correttamente.

6.3.2 Controllo e Sostituzione delle Parti Usurate

Le parti della stampante possono usurarsi nel tempo e richiedere sostituzione:

- **Ugelli e Estrusori:** Sostituire regolarmente gli ugelli e gli estrusori per mantenere una qualità di stampa costante.
- **Cuscinetti e Guide:** Controllare e sostituire cuscinetti e guide usurate per evitare giochi meccanici.

6.3.3 Ottimizzazione delle Impostazioni di Stampa

Ottimizzare le impostazioni di stampa può risolvere molti problemi di qualità:

- **Test di Stampa:** Eseguire test di stampa regolari per calibrare le impostazioni di velocità, temperatura e ritrazione.
- **Profilo del Materiale:** Creare e utilizzare profili specifici per ciascun tipo di filamento per garantire impostazioni ottimali.

Conclusione del Capitolo 6

La gestione dei problemi di produzione e manutenzione nella stampa 3D richiede una combinazione di conoscenze tecniche e pratiche. Con la giusta manutenzione preventiva e una risoluzione efficace dei problemi, è possibile mantenere la stampante 3D in condizioni ottimali e garantire stampe di alta qualità. Nel prossimo capitolo, esamineremo le applicazioni avanzate della stampa 3D e il suo impatto in vari settori industriali.

Ringraziamenti

Questo libro sulla stampa 3D non sarebbe stato possibile senza il contributo e il supporto di molte persone. Desidero esprimere la mia profonda gratitudine a coloro che hanno reso possibile la realizzazione di questo progetto:

- Alla mia famiglia, per il loro costante sostegno e incoraggiamento durante questo percorso.
- Ai miei amici e colleghi, per le preziose discussioni, i consigli e il supporto tecnico fornito lungo il cammino.
- Alla comunità online di appassionati di stampa 3D, per la condivisione di conoscenze, esperienze e risorse che hanno arricchito questo libro.
- Ai produttori di stampanti 3D e fornitori di materiali, per il loro impegno nell'innovazione e nello sviluppo di tecnologie che rendono possibile la stampa 3D accessibile a tutti.
- A tutte le persone che hanno contribuito direttamente o indirettamente alla creazione di questo libro, il mio più sincero ringraziamento.

Infine, un ringraziamento speciale va a te, caro lettore, per aver scelto di esplorare il mondo affascinante della stampa 3D con me. Spero che questo libro ti sia stato utile e stimolante, e ti auguro ogni successo nei tuoi progetti futuri di stampa tridimensionale.

Grazie di cuore.

Se desideri avere degli approfondimenti su ogni capitolo fammelo capire con una recensione, elaborerò in maniera più specifica e dettagliata ogni singolo argomento.

www.ingramcontent.com/pod-product-compliance
Lightning Source LLC
Chambersburg PA
CBHW050249230526
45470CB00005B/2174